BEI GRIN MACHT SICH IHR WISSEN BEZAHLT

- Wir veröffentlichen Ihre Hausarbeit,
  Bachelor- und Masterarbeit

- Ihr eigenes eBook und Buch -
  weltweit in allen wichtigen Shops

- Verdienen Sie an jedem Verkauf

Jetzt bei www.GRIN.com hochladen und kostenlos publizieren

Bibliografische Information der Deutschen Nationalbibliothek:

Die Deutsche Bibliothek verzeichnet diese Publikation in der Deutschen National-
bibliografie; detaillierte bibliografische Daten sind im Internet über http://dnb.d-
nb.de/ abrufbar.

Impressum:

Copyright © 2013 GRIN Verlag
Druck und Bindung: Books on Demand GmbH, Norderstedt Germany
ISBN: 9783668728837

Dieses Buch bei GRIN:

https://www.grin.com/document/429274

Rebecca Mai

Indirekter Flächenvergleich von Vielecken

Schriftliche Planung zur unbenoteten Lehrprobe im Fach Mathematik

GRIN Verlag

GRIN - Your knowledge has value

Der GRIN Verlag publiziert seit 1998 wissenschaftliche Arbeiten von Studenten, Hochschullehrern und anderen Akademikern als eBook und gedrucktes Buch. Die Verlagswebsite www.grin.com ist die ideale Plattform zur Veröffentlichung von Hausarbeiten, Abschlussarbeiten, wissenschaftlichen Aufsätzen, Dissertationen und Fachbüchern.

Besuchen Sie uns im Internet:

http://www.grin.com/

http://www.facebook.com/grincom

http://www.twitter.com/grin_com

Staatliches Studienseminar für das Lehramt

an Grund- und Hauptschulen

Schriftliche Planung zur unbenoteten Lehrprobe im Fach

Mathematik

Rebecca Mai

Zeit: 8.00-8.50 Uhr

Thema: Indirekter Flächenvergleich von Vielecken

INHALTSVERZEICHNIS

1. Begründungszusammenhang

1.1 Legitimation des Themas

Teilrahmenplan Mathematik

- Leistungsprofil Mathematik:[1]
Die Schüler erweitern ihre Kompetenzen im „Finden, Erklären, Darstellen und Begründen von Strategien zur Lösung von außer- und innermathematischen Problemen" und wenden sie auf eine problemhaltige Aufgabenstellung an. Dabei operieren sie mit geometrischen Formen, erkennen geometrische Beziehungen, erfassen Strukturen und Relationen.

- Wissens- und Kompetenzentwicklung:[2]
Im Bereich „anschlussfähiges Wissen" werden die Punkte „Grundbegriffe des Vergleichens und Messens" sowie „Vergleichs- und Messverfahren" bezüglich Flächen genannt. Im Bereich des „anwendungsfähigen Wissens" werden das „Nutzen von Kreativität", das „Argumentieren" und der problemlösende Einsatz der vier Grundrechenarten aufgeführt. Da in der Stunde das geschickte Zerlegen und Umlegen von Flächen gefragt ist, Flächeninhalte bestimmt und verglichen werden, erfolgt ein Ausbau der genannten Leistungen.

- Orientierungsrahmen:[3]
Im Inhaltsbereich „Geometrie" ist unter dem Stichpunkt „Geometrische Maße" das Betrachten von Flächengrößen explizit benannt. Ähnlich werden im Bereich „Sachrechnen und Größen" unter dem Punkt „Grundvorstellungen zu Größen" der Flächeninhalt sowie das Vergleichen und Schätzen von Größen als Inhalte benannt.

Bildungsstandards Mathematik

- Inhaltsbezogene mathematische Kompetenzen:[4]
Der Stundeninhalt lässt sich den beiden Leitideen „Raum und Form" und „Größen und Messen" zuordnen: Darin wird das Vergleichen, Messen und Schätzen von Flächeninhalten benannt. Die Ermittlung erfolgt durch Zerlegen und Auslegen mit Einheitsflächen. Des Weiteren sollen räumliche Beziehungen erkannt, beschrieben und genutzt werden.

1.2 Gegenwartsbedeutung, Exemplarität und Zukunftsbedeutung

Grundschüler haben in der Regel noch keine klare Begriffsvorstellung vom „Flächeninhalt" oder dem Begriff „Fläche". Dies liegt im Wesentlichen an folgenden Gründen:

- die Liniendominanz ebener Figuren erschwert den Aufbau von Flächenvorstellungen

- die Begriffe „Fläche" und „Flächeninhalt" werden sprachlich nicht genau unterschieden

- mangelnde Einsicht in das Prinzip der Flächeninvarianz (flächengleich = zerlegungsgleich)

- mangelnde Vorerfahrung mit der Technik des Ausmessens im Sinne des Auslegens (im Alltag meist Berechnung mit Zahlen, Maßen und Formeln).[5]

---

[1] vgl. Ministerium für Bildung, Frauen und Jugend 2002, S.22.
[2] Vgl. ebd. S.24
[3] Vgl. end. S.34
[4] Vgl. Kultusministerkonferenz 2005, S.9f.
[5] Vgl. Franke 2007, S. 267; Radatz et al. 1998, S. 141.

2

Dennoch haben die SchülerInnen im Verlauf der Grundschulzeit durch vielfältige Tätigkeiten des Legens und Auslegens, sowie durch Übungen zum qualitativen Flächenvergleich Vorkenntnisse auf diesem Bereich (vgl. didaktischer Stufengang). Auch im Alltag haben sie implizit zahlreiche Erfahrungen mit der Größe von Flächen gesammelt (z.b. Feldgröße beim Fußballspielen, Größe der Garten- oder Wohnfläche). Die Strategien des Zerlegens und Zusammensetzens von Figuren dürfte den Kindern ebenfalls aus vorangegangenen Unterrichtstätigkeiten (z.b. Tangram, Parkettieren) oder Alltagserfahrungen (z.b. Kuchen teilen, puzzeln) bekannt sein.

Die Exemplarizität des Themas liegt in der Entwicklung der Strategien des Zerlegens und Ergänzens von Flächen, um den Flächeninhalt anschließend quantitativ erfassen zu können. Diese Vorgehensweisen werden hier (im Sinnes des Spiralprinzips) zunächst mit selbstgewählten Maßeinheiten (Quadrate) eingeübt und spielen dann in der weiterführenden Schule bei der Herleitung zahlreicher Flächeninhaltsformeln (z.b. Dreieck, Parallelogramm) eine entscheidende Rolle[6]. Sie befähigen die SchülerInnen prinzipiell zur Bestimmung des Flächeninhalts jeden beliebigen Polygons (vgl. Kap. 3.2). Damit wurde gleichzeitig auch die Frage nach der Zukunftsbedeutung des Themas in schulischer Hinsicht angesprochen. Aber auch im Alltag werden die Kinder immer wieder mit Situationen konfrontiert sein, in denen der Flächeninhalt von unterschiedlichsten Formen bestimmt werden muss, ohne dass man stupide Formeln zur Hand hat (z. B. verwinkeltes Zimmer soll gefliest werden; ein Muster soll mit Fließen gestaltet werden).

---

[6] Vgl. Radatz et al. 1999, S. 152f; Krauter 2005, S.106ff.

3

2. Ausgangsbedingungen der Lerngruppe

2.1 Arbeitsbedingungen und Voraussetzungen der Lerngruppe

Klasse/ Personaler Aspekt	- 20 SchülerInnen (11 Mädchen, 9 Jungen) - bis auf eine Ausnahme keine sprachlich bedingten Verständnisprobleme - gutes Sozialverhalten und normalerweise gute, motivierte Mitarbeit - LAA xxx unterrichtet 5 Std. Mathe/ Woche
Räumlich-organisatorischer Aspekt	- Winkeltischstellung ähnlich zur Klippert'schen Sitzordnung - vor der Tafel Platz für einen Kinositz bzw. Stuhlhalbkreis
Sachkompetenz	- S. kennen den Begriff Flächeninhalt (Vorstunde). - S. können den Flächeninhalt von rechteckigen und l-förmigen Figuren durch Auslegen mit einheitlichen Quadraten bestimmen (Vorstunde). - S. haben Erfahrung zum Prinzip der Flächeninvarianz (In der Vorstunde wurden unterschiedliche Flächenformen zu einem vorgegebenen Flächeninhalt gelegt)
Methodenkompetenz	- Gruppenarbeit: größtenteils funktioniert Austausch, Absprache und gegenseitige Unterstützung gut; Rollenverteilung wird eingehalten und kann intern geregelt werden. - Schüler sind geübt im Vorstellen von Arbeitsergebnissen.
Sozial-kommunikative Kompetenz	- Generell hohe Hilfs- und Kooperationsbereitschaft - Partnerarbeit: größtenteils gute Kooperation; nur wenige S. können nicht so gut zusammenarbeiten - Schüler rufen sich gegenseitig auf in einer Meldekette
Selbstkompetenz	- gewöhnlich hohe Motivation und Lernfreude - S. können i.d.R. ihre Leistungen ganz gut selbst einschätzen und sind gewohnt, Aufgaben ihren Fähigkeiten entsprechend auszuwählen. - S. sind gewohnt, ihre Lösungen selbst zu kontrollieren - Bei (offenen) Problemstellungen entwickeln einige S. oft erstaunlich kreative Lösungsideen
Regeln und Rituale	- Symbolkarte zur Einleitung von Kinositz - Akustisches Signal (Klingel für „leise sein") - akustisches Signal (Glocke) zur Beendigung der Arbeitsphase
Mögliche Störfaktoren und pädagogische Maßnahmen	- Störungen im Kinositz bzw. im Stuhlkreis → Ermahnung - zu hoher Lautstärkepegel während der Arbeitsphase → Klingel; Ansprechen einzelner SchülerInnen - Abstimmungsprobleme bei der Gruppen- oder Partnerarbeit → Sprechen mit den SchülerInnen und zur Zusammenarbeit ermuntern

4

2.2 Kompetenzprofil einzelner Schüler/ Schülergruppen

Namen	Auffälligkeiten	Konsequenzen für die Unterrichtsstunde
xxx	- sehr leistungsstarke Schüler, die gut Transfer leisten können und selbstständig komplexe Fragestellungen lösen	- Zusammenarbeit mit leistungsschwächeren Schülern in der Gruppenarbeit als „Experten" - In der PA steht für diese S. ein AB mit komplexen Vielecken zur Verfügung
xxx	-leistungsstarke Schüler bei Routineaufgaben -Bei Problemaufgaben eher unsicher und Schwierigkeiten selbstständig Lösungsansätze zu entwickeln	- unterstützen die Gruppe durch ihr „Routinewissen" - Differenzierung durch die Gruppenarbeit: erhalten hilfreiche Anregungen zur Lösungsfindung durch Gruppenmitglieder - S. arbeiten in der PA zusammen
xxx	- durchschnittliche Leistungen	- Differenzierung durch die Gruppenarbeit: erhalten hilfreiche Anregungen zur Lösungsfindung durch Gruppenmitglieder
xxx	- leistungsschwache Schüler; Schwächen vor allem in math. Grundlagen und im Problemlösen - sehr ruhig: bei Zusammenarbeit mit dominanteren Personen neigen sie dazu, sich zurückzuhalten	- Zusammenarbeit mit leistungsstärkeren Schülern in einer Gruppe als Hilfe und Unterstützung bei der Lösungsfindung - für PA steht ein recht einfaches AB zur Verfügung; arbeiten zusammen, damit sie zur Eigeninitiative gezwungen werden
Insgesamt wurde die Sitzordnung so verändert, dass während der Gruppenarbeit leistungsheterogene Gruppen entstehen. Dadurch können die leistungsstärkeren S. ihre Mitschüler im Sinne des Helfersystems unterstützen. Während der Partnerarbeit arbeiten dann aber eher leistungshomogene Kinder zusammen. Dadurch soll sichergestellt werden, dass alle S. auf ihrem Niveau (qual. Differenzierung) aktiv werden können und müssen.		
Zur weiteren Differenzierung werden bei Bedarf Tippkarten bzw. Zusatzaufgaben eingesetzt.		

5

3. Thematische Strukturierung

3.1 Aufriss der Unterrichtseinheit „Flächeninhalt und Umfang"

Stunde	Thema	Zentrales Anliegen
1.	Einführung und Abgrenzung der Begriffe Flächeninhalt und Umfang	Einführende Übungen zur Ermittlung von Flächeninhalt und Umfang: Bestimmung des Flächeninhalts von rechteckigen und l-förmigen Flächen durch Auslegen mit Quadraten; Erzeugung von unterschiedlichen Formen zu einem vorgegebenen Flächeninhalt (Prinzip der Invarianz)
2.	Indirekter Flächenvergleich von Vielecken	Die S. bestimmen und vergleichen Flächeninhalte von Vielecken unter Nutzung von Zerlegungs- und ggf. Ergänzungsstrategien.
3/ 4.	Indirekter Flächenvergleich mittels standardisierter Maßeinheiten	Die S. messen Flächeninhalte und Umfänge mit Zentimeterquadraten/ Meterquadraten und cm aus.
5./ (6.)	Zusammenhängen zwischen Umfang und Flächeninhalt	Entdecken und Beschreiben von Zusammenhängen zwischen Flächeninhalt und Umfang

3.2 Sachanalyse

Der Flächeninhalt von Figuren wird definiert als „reele Maßfunktion für bestimmte Punktmengen" innerhalb der Ebene. Diese Funktion F (Abkürzung F (dt. Fläche) oder A (lat. Area = Fläche)) weist jeder Figur A eine reelle Flächenmaßzahl (den Flächeninhalt) A zu. Dabei müssen folgende Anforderungen erfüllt sein:[7]

(1) $F(A) \geq 0$ $\quad \forall$ Polygone A (Nichtnegativität)
(2) $A \equiv B \rightarrow F(A) = F(B)$ $\quad \forall$ Polygone A, B (Verträglichkeit mit der Kongruenz)
(3) $F(A \cup B) = F(A) + F(B)$ $\quad$ wenn A und B keine inneren Punkte gemeinsam haben (Additivität)
(4) $F(E) = 1$ $\quad$ für ein ausgezeichnetes Einheitsquadrat E (Normierung)

Im Alltagsverständnis werden Figuren mit einem Flächeninhalt von Null (z.B. ein Punkt) nicht als „Fläche" angesehen und es wird ihnen auch kein Flächeninhalt zugeordnet. Unter dieser Voraussetzung (d.h. $F(A) > 0$) bildet der Flächeninhalt einen Größenbereich.[8] Als solcher wird er auch in der Grundschule angesehen und thematisiert.[9]

Ein Größenbereich (G, +, <) ist definiert als eine Menge G, in der eine Addition + und eine Kleiner-Relation < erklärt sind und wo folgende Punkte für beliebige a, b, c $\in$ G gelten:[10]

(1) $a + b = b + a$ (Kommutativgesetz der Addition)
(2) $(a + b) + c = a + (b + c)$ (Assoziativgesetz der Addition)
(3) $a < b$ oder $a > b$ oder $a = b$ (Trichotomie)
(4) $a < b \leftrightarrow \exists c \in G$ mit $a + c = b$ (Lösbarkeit)

Die Elemente der Menge G heißen Größen und werden mit einer Größenangabe bezeichnet. Diese setzt sich aus einer Maßzahl und einer Maßeinheit zusammen. Nicht-standardisierte Maßeinheiten

---

[7] Vgl. Krauter 2007, S. 103; Weigand et al. 2010, S.5.
[8] Vgl. Deissler 2005, S. 57.
[9] Vgl. Franke 2003, S.198.
[10] Vgl. Greefrath 2010, S.122; Deissler 2005, S. 57.

für den Flächeninhalt sind i.d.R. Einheitsquadrate bzw. -dreiecke; standardisierte Maßeinheit ist der Quadratmeter (m^2) sowie die daraus abgleiten Einheiten km^2, ha, a, m^2, cm^2, mm^2.[11]

Beim Vergleich zweier Flächeninhalte verwendet man entweder die Äquivalenzrelation „hat den gleichen Flächeninhalt wie" oder die Ordnungsrelation „ist mehr/ weniger Fläche als".[12] Zwei Flächen haben den gleichen Flächeninhalt, wenn sie

- kongruent/ deckungsgleich sind (d.h. sie können so übereinandergelegt werden, dass sie sich genau abdecken)
- zerlegungsgleich sind (d.h. sie können jeweils in paarweise zueinander kongruente Teilflächen zerlegt bzw. aus diesen zusammengesetzt werden)
- auslegungsgleich sind (d.h. sie sie können mit der gleichen Anzahl von Einheitsflächen ausgelegt werden)
- ergänzungsgleich sind (d.h. sie können durch Hinzufügen zueinander kongruenter Flächenstücke zu zwei zueinander kongruenten Flächen ergänzt werden)[13]

Den Flächeninhalt von Rechtecken mit ganzzahligen Seitenlängen erhält man durch Nachvollzug des Messprozesses[14]: **F(Rechteck) = Länge · Breite**. Diese Formel lässt sich auch für beliebige reelle Seitenlängen beweisen und ist damit für sämtliche Rechtecke gültig. Durch die Strategien des Zerlegens und Ergänzens können daraus die Formeln für den Flächeninhalt eines beliebigen Dreiecks (**F(Dreieck)= ½ Grundseite · zugehöriger Höhe**) sowie eines beliebigen Polygons bestimmt werden.[15] Konkret sind dabei folgende Vorgehensweisen möglich:

- Ausgangsfigur geschickt in Teilfiguren (Teilrechtecke bzw. -dreiecke) **zerlegen**, deren Flächeninhalt bestimmen und addieren (Additive Strategie).
- Ausgangsfigur geschickt in Teilfiguren **zerlegen** und so zusammensetzen, dass entweder ein direkter Vergleich möglich ist oder ein indirekter Vergleich über eine Einheitsmaße.
- Ausgangsfigur geschickt zu einer Figur **ergänzen**, deren Flächeninhalt leicht bestimmt werden kann. Anschließend Subtraktion der hinzugefügten Teilflächen (Subtraktive Strategie).[16]

3.3 Didaktische Reduktion

In der Unterrichtsstunde werden nur Flächen untersucht, die aus Rechtecken und Dreiecken zusammengesetzt sind. Dabei sind die Beispiele so gewählt, dass sie prinzipiell fast alle mit der Strategie des Zerlegens und Umlegens gelöst werden können, auch wenn in einigen Fällen subtraktive Strategien günstiger wären. Ausnahmen stellen das Arbeitsblatt für die leistungsstärkeren Schüler sowie die Zusatzaufgaben im Rahmen der GA und PA dar. Hier sind z.T. subtraktive Strategien erforderlich. Das Karoraster, mit dem die Figuren hinterlegt sind, dient dabei als Hilfe und Orientierung. Nach dem Umlegen zu rechtwinkligen Figuren kann der Flächeninhalt dann allein durch Ab-

---

[11] Vgl. Franke 2003, S. 196. 198.
[12] Vgl. ebd.
[13] Vgl. Franke 2007, S. 268; Krauter 2007, S.107.
[14] Bei einem Rechteck der Länge x und der Breite y lässt sich z.B. durch Auslegen und Abzählen ermitteln, dass x Einheitsquadrate in eine Reihe und y Reihen untereinander passen.
[15] Vgl. Krauter 2007, S.105f, 108.
[16] Vgl. Krauter 2007, S.106, 108; Radatz/ Schipper et al. 1999, S. 156.

zählen der Quadrate ermittelt werden. Zusätzlich können beim Messen Quadratplättchen zum Auslegen herangezogen werden. Auch wenn sich die Lösungsstrategien mancher SchülerInnen intuitiv an den Flächenberechnungsformeln (z.B. F(Rechteck) = Länge · Breite) orientieren werden, so werden diese Formeln nicht thematisiert. Statt standardisierten Maßeinheiten wird eine selbst gewählte (bzw. in der Vorstunde eingeführte) Maßeinheit (einheitliche Quadrate[17]) verwendet. Dadurch wird auf Längenangaben komplett verzichtet.

3.4 Lern- und Handlungsschwerpunkte

3.4.1 Lernschwerpunkt
Die S. messen Flächeninhalte von Vielecken unter Nutzung von Zerlegungs- und ggf. Ergänzungsstrategien. (Vergleichsaspekt des Messens; Messen-durch-Auslegen-und-Zählen-Aspekt)

3.4.2 Wissens- und Kompetenzentwicklungen

Wissens- und Kompetenzentwicklung	Handlungssituation
Sachkompetenzen (S)	
S1 Die S. formulieren die Problemstellung,	indem sie auf der Basis der Geschichte die wesentlichen Aspekte der Aufgabenstellung benennen.
S2 Die S. schätzen den Flächeninhalt der Zimmer,	indem sie diese genau betrachten und eine ungefähre Größenangabe nennen.
S3 Die S. entwickeln Strategien,	indem sie über Ergänzen und/ oder Zerlegen der Formen nach einer Bestimmungsmöglichkeit für den Flächeninhalt suchen.
S4 Die S. messen den Flächeninhalt von Vielecken,	indem sie diese handelnd, zeichnerisch oder mental so umstrukturieren, dass sie mit Quadraten (als Einheitsflächen) ausgelegt werden können.
S5 Die S. reflektieren über die verschiedenen Strategien,	indem sie die Lösungswege ihrer Mitschüler nachvollziehen und mit ihrer eigenen vergleichen.
Sozial-kommunikative Kompetenzen (K)	
K1 Die S. kommunizieren im Rahmen der GA bzw. der PA,	indem sie über Vorgehensweisen oder Strategien diskutieren und sich bei Schwierigkeiten gegenseitig unterstützen.
Selbstkompetenzen (SE)	
SE1 Die S. übernehmen Verantwortung innerhalb der Gruppe,	indem sie eine Rolle übernehmen und gewissenhaft umsetzen.
SE2 Die S. übernehmen Verantwortung für ihren Lernprozess,	indem sie den Schwierigkeitsgrad der zu bearbeitenden Aufgaben selbst bestimmen und ihre Lösungen eigenständig kontrollieren und ggf. verbessern.
SE3 Die S. reflektieren ihren Lernprozess,	indem sie darüber nachdenken, was sie heute gelernt haben und dies verbalisieren.
Methodenkompetenzen (M)	
M1 Die S. praktizieren kooperatives Lernen,	indem sie zuerst in EA, dann in GA arbeiten und zum Schluss ihren Lösungsweg vorstellen oder vergleichen.
M2 Die S. präsentieren ihre Ergebnisse,	indem sie Lösungsweg und -ergebnisse verständlich darstellen und erklären.

---

[17] Es handelt sich dabei um kongruente Quadrate der Länge 1,5 cm, also streng genommen nicht um Einheitsquadrate der Länge 1. Eine Seitenlänge von 1 cm habe ich für konkrete Handlungen mit den Zimmergrundrissen (Zerlegen, Umlegen) sowie mit den Legeplättchen für zu klein empfunden.

Wissens- und Kompetenzentwicklung	Handlungssituation
Allgemeine mathematische Kompetenzen (B1)	
B1,1 Die S. lösen Probleme mathematisch,	indem sie Lösungsstrategien entwickeln und ihre mathematische Kenntnisse zum Messen von Flächeninhalten anwenden.
B1,2 Die S. kommunizieren,	indem sie die Aufgabe gemeinsam bearbeiten, dabei Strategien diskutieren und ihre Überlegungen anschließend verständlich darstellen bzw. die der Mitschüler nachvollziehen.
B1,3 Die S. argumentieren,	indem sie ihren Lösungsweg begründen und die Ideen der Mitschüler auf Korrektheit prüfen.
Inhaltsbezogene mathematische Kompetenzen (B2)	
B2,1 Die S. vergleichen und messen den Flächeninhalt ebener Figuren,	indem sie diese auf geeignete Weise umstrukturieren und mit Einheitsflächen (Quadraten) auslegen.

4. Methodische Strukturierung

4.1 Begründung der Methodenkonzeption der Stunde

Die vorliegende Mathematikstunde ist der Großmethode des problemorientierten Lernens zuzuordnen. Sie ist vorwiegend an den Artikulationsmodellen von Leutenbauer und Zech orientiert: Zu Beginn steht die Phase der Motivation, in der das Problem ausgebreitet und von den Schülern erfasst bzw. formuliert wird. Die Überlegungen zur Problemlösung erfolgen durch die Schüler, die Lösungsvorschläge werden handlungsorientiert durchgeführt und verbalisiert (Artikulationsmodell insbes. von Leutenbauer). Die letzte Phase der Anwendung und Übung durch die Arbeit an differenzierten Aufgaben bezieht sich auf Zech.

4.2 Begründungen der wesentlichen methodischen Schritte

Motivation, Problemausbreitung und -erfassung

Nach der Begrüßung kommen die Schüler durch einen Bildimpuls in den Kinositz, der eine dichtere Gesprächsatmosphäre bietet und die Aufmerksamkeit auf die Tafel zentriert. Eine Szene aus dem Alltag einer Familie wird vorgetragen und anhand von Bildern veranschaulicht. Die problemhaltige Situation, ein Streit unter Geschwistern wegen der Flächengröße der Kinderzimmer, ist den meisten Kindern vermutlich vertraut bzw. emotional leicht zugänglich. Damit ist ein Zugang zur Thematik geschaffen. Das Bild des Hauses verdeutlicht dabei, dass es tatsächlich ungewöhnliche Zimmerformen geben kann; das Bild der Familie soll einerseits motivieren, andererseits eine Identifizierung bzw. Involvierung fördern.

Die scheinbar endlose Diskussion der beiden Kinder fordert die Klasse dazu auf, die Klärung des Streits selbst in die Hand zu nehmen und somit die Problemstellung zu formulieren: „Wer hat Recht?/ Welches Zimmer hat den größeren Flächeninhalt?". Dass diese Frage gar nicht so einfach zu beantworten ist, zeigen dann die durch die L. geforderten Schätzungen, die mit Sicherheit auch kein einheitliches Meinungsbild ergeben. Daraus ergibt sich die Notwendigkeit einer genauen quantitativen Bestimmung der Flächeninhalte. Anschließend werden die SchülerInnen möglichst rasch in die Problemlösephase entlassen. Hinweise für mögliche Strategien sollen vorab nicht gegeben werden, weshalb ich auch keine Begründungen für die Schätzungen fordere. Sollte ein Schüler dennoch Lösungsansätze nennen, werden diese zwar gewürdigt, aber nicht näher aufgegriffen. Dies soll sicherstellen, dass zunächst jeder die Möglichkeit erhält, sich selbstständig mit dem Problem zu befassen und keine Beeinflussung bzw. Lenkung der Gedanken stattfindet.

Problemerarbeitung/ Problemlösung:

Für die Phase des Problemlösens habe ich die Methode des kooperativen Lernens nach dem „Ich-Du-Wir-Prinzip" ausgewählt. Sie ermöglicht es, dass sich zunächst jeder Schüler individuell auf seinem Niveau mit dem Problem auseinandersetzen kann bzw. muss, gleichzeitig bei der Suche nach einem Lösungsweg aber nicht auf sich allein gestellt bleibt. Gerade bei problemhaltigen Aufgaben, bei denen neue, kreative Lösungswege gefragt sind, müssen die Kinder ihre Ressourcen zusammentragen und sich gegenseitig in ihren Ideen und Kompetenzen ergänzen. Ansonsten wären insbesondere leistungsschwächere Schüler sicherlich überfordert. Durch den konkret-handelnden Umgang mit den Zimmergrundrissen aus Papier (in der EA kleinere für jeden S.; in der GA große) können die Operationen des Zerlegens, Umordnens und Ergänzens zunächst auf der enaktiven Ebene durchgeführt werden. Damit keine Vertauschungen der zerlegten Teile auftreten, sind die Grundrisse jeweils in verschiedenen Farben gestaltet. Das eingezeichnete Gitterraster erleichtert dabei das Entdecken von räumlichen Beziehungen und Zerlegungsmöglichkeiten. Der Beginn der Gruppenarbeitsphase wird durch ein akustisches Signal gekennzeichnet. Die Schüler verteilen zunächst ihre Rollen (Schreiber, Materialwart, Zeitwächter, Vorleser), entwickeln oder einigen sich dann auf einen Lösungsweg und führen diesen an dem großen Zimmergrundriss durch. Um zu gewährleisten, dass sich die Gruppen ihre Vorgehensweise bewusst gemacht haben, sollen sie ihre Strategie auf dem Arbeitsblatt notieren.

Generell beinhalten alle Aufgaben eine natürliche Differenzierung, da sie handelnd im Modell (schneiden, umlegen, auslegen), zeichnerisch (Hilfslinien einzeichnen, Teilfiguren färben) oder in der Vorstellung durchgeführt werden können. Zusätzlich ist sowohl durch die Sozialform (Gruppenarbeit in leistungsheterogenen Gruppen, Helfersystem), als auch durch den möglichen Einsatz von Tippkarten für leistungsschwächere Gruppen eine qualitative Differenzierung gegeben. Das Angebot einer möglichen Zusatzaufgabe, stellt eine quantitative Differenzierung für leistungsstarke bzw. schnelle Gruppen dar.

Ergebnisvorstellung:

Die Ergebnisvorstellung erfolgt im Sitzhalbkreis. Dieser ist schnell gebildet, bietet eine geeignete Gesprächsatmosphäre, Lösungsstrategien können anhand der Zimmergrundrisse für alle gut sichtbar vorgeführt werden und gleichzeitig ist eine Sicht auf die Tafel gegeben. Nachdem eine Gruppe ihren Weg vorgestellt hat, sollen die anderen nur noch Ergänzungen hinzufügen bzw. alternative Strategien vorstellen. Dadurch wird vermieden, dass unnötig Zeit durch Wiederholungen verloren geht. Um die verbalisierten Strategien als Orientierung für die nachfolgende PA zu „konservieren", werden die wesentlichen Schritte durch die Schüler wiederholt und mit Hilfe von Stickpunktkarten an der Tafel festgehalten. Hierbei habe ich die Karten bereits vorbereitet (*Strategie 1*: Figur zerlegen; 2. Figur neu zusammensetzen; 3. Flächeninhalt bestimmen; evtl. auch *Strategie 2* (falls von S. genannt): 1. Figur ergänzen; 2. Flächeninhalt der neuen Figur bestimmen; 3. Flächeninhalt der hinzugefügten Teile abziehen). Sollten die Strategien der Kinder jedoch unerwartet ausfallen, stehen auch Blanko-Karten zur Verfügung, die in diesem Fall beschriftet werden können. Zum Abschluss dieser Phase wird das Anfangsproblem („Welches Kind hat das größere Zimmer?") beantwortet.

Übung/ Anwendung der Strategien:

Mit Hilfe der vorgestellten und an der Tafel visualisierten Strategien können nun auch Kinder, die in der Gruppenarbeit evtl. nicht auf eine Lösung gekommen sind, erfolgreich tätig werden. Um einen hohen Aktivierungsgrad eines jeden Schülers zu erreichen, gleichzeitig aber Kommunikation und gegenseitige Hilfe zu ermöglichen, habe ich als Sozialform die Partnerarbeit gewählt. Dabei arbeiten immer zwei SchülerInnen mit ähnlichem Leistungsniveau zusammen bzw. solche, die besonders gut kooperieren. Um alle Kinder auf der Zone der nächsten Entwicklung herauszufordern, stehen Arbeitsblätter auf drei verschiedenen Schwierigkeitsstufen zur Verfügung. Das Grundprinzip ist immer dasselbe, aber die Figuren unterscheiden sich hinsichtlich der Komplexität, der Überschaubarkeit geeigneter Zerlegungen bzw. Ergänzungen und der Anzahl der notwendigen Denkschritte. Da ich die Leistungen einzelner Kinder auf diesem geometrischen Bereich vorab nur schwer einschätzen konnte, habe ich mich dazu entschieden, dass Bearbeitungsniveau durch die Schüler selbst bestimmen zu lassen. Die Kontrolle der Lösungen erfolgt ebenfalls selbstständig, um den unterschiedlichen Arbeitsgeschwindigkeiten und den individuell bearbeiteten Aufgaben gerecht zu werden. Um ein voreiliges „Abgucken" zu verhindern, werden die Lösungsblätter räumlich getrennt (hinter dem Tafelflügel) deponiert. Quantitative Differenzierung ist durch weitere mögliche Arbeitsblätter gegeben. Dabei erfordert ein Zusatzblatt für die Leistungsstärken noch weiterführende Gedankenschritte (Nutzung und Kombination subtraktiver Strategien).

Reflexion:

Die Reflexion des Lerninhalts („Was habe ich heute gelernt?") erfolgt durch einen vertrauten Bildimpuls. Diese Phase dient der Zusammenfassung des Gelernten und der Sicherung. Anschließend wird die Hausaufgabe ausgeteilt und besprochen. Sie stellt eine reversible Aufgabe dar, wodurch die Beweglichkeit des Denkens gefördert werden soll.

5. Unterrichtsskizze

5.1 Stundenverlauf

Phase/ Zeit/ Kompetenzen	Unterrichtsgeschehen	Method.-did. Erläuterungen	Medien
Motivation/ Problemaus- breitung 4 min.	- Begrüßung - L. bittet S. in **Kinositz** - Schilderung der **Problemsituation** anhand von Bildern: Familie Müller ist in ein neues modernes Haus gezogen. Der Architekt, der das Haus entworfen hat, ist für seine außergewöhnlichen Zimmerformen bekannt. Hier sind die Entwürfe für die beiden Kinderzimmer von Tim und Max. (Tafel wird geöffnet) Max: Hah hah, mein Zimmer ist ja viel größer als deins! Tim: So ein Quatsch, meins ist größer als deins. Das sieht man doch sofort.	- Artikulationsschema vorrangig nach Leutenbauer/ Zech - Zentrierung der Aufmerksamkeit - Geschichte und Bilder dienen dem Lebensweltbezug, der Motivation und der Problemhinführung	- Bild Kinositz - Bilder vom Haus und der Familie Müller - Zimmergrundrisse - Tafel
Problem- erfassung 3 min. S1; S2	- **S. benennen Problemstellung**: Wer hat Recht?/ Welches Zimmer hat den größeren Flächeninhalt? → Notation an der Tafel (evtl. Impuls: „Wie könnte denn die Überschrift lauten?") - **Schätzungen** der S. werden abgegeben und notiert	- gelenktes Unterrichtsgespräch - Schätzungen, um sich vorab mit dem Thema zu befassen und die Notwendigkeit eines quantitativen Vergleichs zu erkennen	- Tafel
Problem- erarbeitung/ Problemlösung 2 min. + 5 min. + 10 min. S3; S4; S5; K1; SE1; M1; B1,1; B1,2; B1,3; B2,1	- **Arbeitsauftrag (Teil 1)** wird an der Tafel visualisiert und besprochen - Klärung der Arbeitsmittel für die EA sowie für die GA (Zimmerformen, Quadratplättchen, „alles darf benutzt werden") - Wiederholung des Arbeitsauftrages durch S. - Fragen zur Klärung können gestellt werden - S. gehen an ihre Plätze → Material für EA in Ablagen der Tische - **Ich-Phase**: S. überlegen sich mögliche Strategien anhand der Grundrisse - **Du-Phase**: Auf ein Zeichen von L. Wechsel von der EA in die GA → L. teilt Material aus → S. klären in Gruppe selbstständig die Rollenverteilung; Diskussion von Strategien und Lösen der Aufgabenstellung - Tipp als Hilfestellung wird nur bei Bedarf von L. ausgeteilt - Zusatzdifferenzierung durch Sternchenaufgabe nur bei Bedarf - L. beendet GA durch akustisches Signal	- Visualisierung / Wiederholung des Arbeitsauftrags zur Zieltransparenz - kooperatives Lernen nach dem „Ich-Du-Wir-Prinzip" - heterogene Gruppen - Aufgabenverteilung: Vorleser, Schreiber, Materialmanager, Zeitmanager regeln die S. intern - Lösung auf verschiedenen Repräsentationsmodi möglich → nat. Differenzierung - L. als Moderator - Prinzip minimaler Hilfe - qualitative und quantitative Differenzierung bei Bedarf	- Umschlag mit kleinen Zimmergrundrissen und Quadratplättchen für EA - Kiste mit großen Zimmergrundrissen, Quadratplättchen und AB für GA - Glocke - Tipps - Sternaufgabe (weitere Zimmergrundrisse)

Phase / Zeit / Kompetenzen	Verlauf	Didaktisch-methodischer Kommentar	Material
Ergebnis-vorstellung. 12 min. S5; M2; B1,2; B1,3	- **Wir-Phase:** Vorstellung der Lösungswege/ Strategien - L. leitet Sitzhalbkreis ein - Vorstellung/ Vorführen der Lösungsstrategie durch eine Gruppe; andere Gruppen dürfen ergänzen bzw. andere Strategien vorstellen - **Zusammenfassung der Strategie** durch S. →Notation an der Tafel - Die anfangs formulierte **Problemstellung** wird beantwortet	- Aus zeitlichen Gründen werden die Lösungswege exemplarisch vorgestellt - Lösung des Problems; Rückgriff auf die Ausgangssituation	- Tafel - Zimmergrundrisse (mehrfach) - Kärtchen für Strategien
Übung/ Anwendung der Strategien 2 min. + 10 min. S2; S4; SE2; K1; B2,1	- **Arbeitsauftrag (Teil 2)** wird an der Tafel visualisiert und besprochen: Für die Raumaufteilung des Hauses sollen auch andere Zimmer bzgl. ihres Flächeninhalts in PA verglichen werden. - Klärung der Arbeitsmittel (AB in 3 Schwierigkeitsstufen, Zimmergrundrisse) - Wiederholung des Arbeitsauftrages durch S. - Fragen zur Klärung können gestellt werden - S. sprechen sich mit ihrem Partner ab, nehmen jeweils das gleiche Material und gehen an ihre Plätze - **S. bearbeiten Aufgabe in PA** - S. kontrollieren Lösungen selbstständig mit Hilfe von Lösungsblättern (hinter der Tafel) - Zusatzdifferenzierung durch Sternenaufgabe nur bei Bedarf (- Puffer: Kinositz; falls mind. eine Partnergruppe die Zusatzaufgabe (subtraktive Strategie) bearbeitet hat, soll diese Problemstellung und die Strategie an einem Beispiel vorgestellt werden; falls nicht, kann die Problemstellung als Sicherung/ Weiterführung gemeinsam betrachtet und gelöst werden)	- Visualisierung und Wiederholung des Arbeitsauftrags zur Klarheit/ Zieltransparenz - qualitative und quantitative Differenzierung gegeben; Niveau wird durch S. selbst festgelegt - Selbstkontrolle ermöglicht individuelles Lerntempo und fördert Eigenverantwortlichkeit	- AB leicht, mittel, schwer mit jeweiligen Zimmergrundrissen in Briefumschlag - Lösungsblätter - Zimmergrundrisse
Reflexion 3 min. SE3	- Symbolkarte „Was habe ich heute gelernt?" - Hausaufgabe austeilen und besprechen	- Frage dient der Reflexion des Stundeninhalts und Zusammenfassung des Gelernten - HA dient der Anwendung und Sicherung des Gelernten	- Impulskarte (Was habe ich heute gelernt?) - AB für HA

14

5.2 Visualisierungen

Innenseite der Tafel:

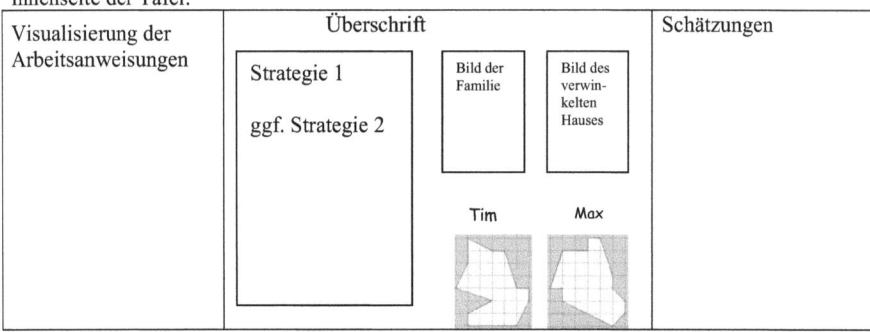

Visualisierung der Arbeitsanweisungen	Überschrift				Schätzungen
	Strategie 1 ggf. Strategie 2	Bild der Familie	Bild des verwinkelten Hauses		
		Tim	Max		

Strategien

Strategie 1
1. Figur zerlegen 2. Figur neu zusammensetzen 3. Flächeninhalt bestimmen

Evtl. Strategie 2: Figur ergänzen 2. Flächeninhalt der neuen Figur bestimmen
3. Flächeninhalt der hinzugefügten Teile abziehen

5.3 Hausaufgaben

Zeichne 6 möglichst komplizierte Zimmer mit einem Flächeninhalt von 13 Quadraten.

(siehe Anhang)

5.4 Sitzplan

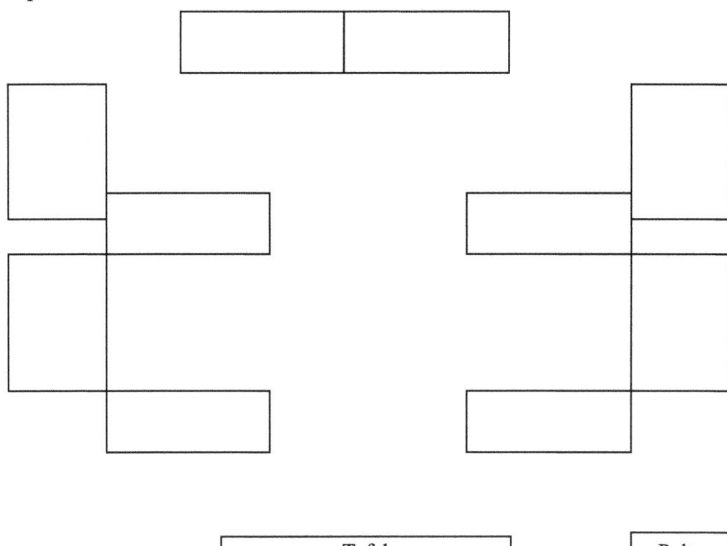

Tafel	Pult

6. Literaturverzeichnis

- Franke, M (2. Aufl. 2007): Didaktik der Geometrie in der Grundschule.

- Radatz, H./ Schipper, W./ Dröge, R./ Ebeling, A. (1999): Handbuch für den Mathematikunterricht. 3. Schuljahr. Schroedel: Hannover.

- Radatz, H./ Schipper, W./ Dröge, R./ Ebeling, A. (1998): Handbuch für den Mathematikunterricht. 2. Schuljahr. Schroedel: Hannover.

- Weigand, H./ Filler, A/ Hölzl, R./, Kuntze, S./ Ludwig, M./ Roth, J./ Schmidt-Thieme, B./ Wittmann, G. (2009): Didaktik der Geometrie für die Sekundarstufe I. Spektrum akad. Verlag: Heidelberg.

- Ministerium für Bildung, Frauen und Jugend (Hrsg.) (2002) : Rahmenplan Grundschule. Allgemeine Grundlegung. Teilrahmenplan Mathematik. SOMMER Verlag: Grünstadt.

- Kultusministerkonferenz (Hrsg.) (2005): Bildungsstandards im Fach Mathematik für den Primarbereich. Kluwer Verlag: München, Neuwied.

- Deissler, R. (2005): Einführung in die Geometrie http://home.ph-freiburg.de/deisslerfr/geometrie/export_pdf_ss05/skript05.pdf

- Krauter, S. (2007): Erlebnis Elementargeometrie. Ein Arbeitsbuch zum selbstständigen und aktiven Entdecken. Spektrum akadem. Verlag: München.

- Greefath, G. (2010): Didaktik des Sachrechnens in der Sekundarstufe. Spektrum akadem. Verlag: Heidelberg.

Bildquellen:

http://upload.wikimedia.org/wikipedia/commons/1/17/Stata_Center1.jpg

7. Anhang

Schere?
Wenn man das Zimmer in Teile schneidet und diese neu zusammensetzt, bleibt der Flächeninhalt gleich.

Materialien Einstieg (Einzelarbeit und Gruppenarbeit)
- *Quadratplättchen*
- *Zimmergrundrisse*

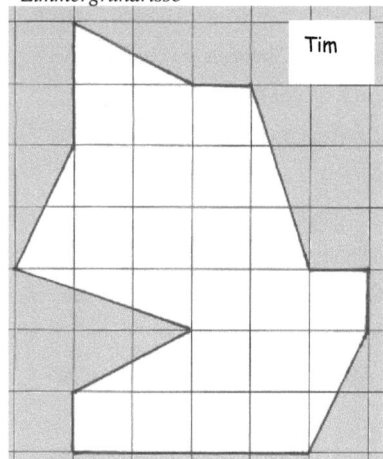

Tim

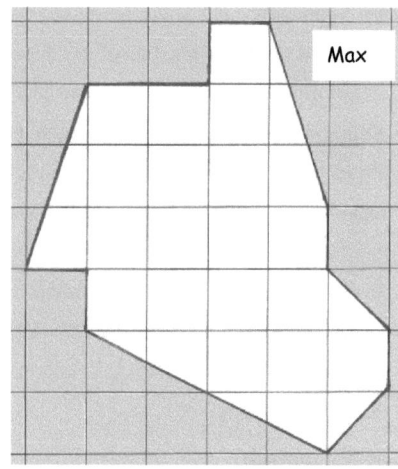

Max

Zusatzaufgabe GA

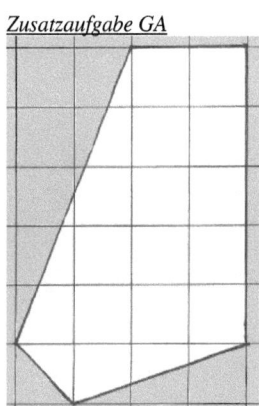

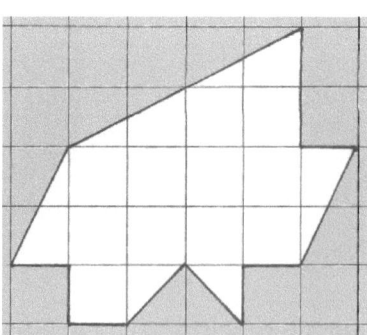

Arbeitsblätter (Gruppenarbeit, Partnerarbeit, Zusatzaufgabe, Hausaufgabe)

Flächeninhalt von Zimmern

1. Das größte Zimmer des Hauses soll das Wohnzimmer werden. Welches ist es? Schätze erst. Bestimme den Flächeninhalt dann genau.

Schätzung: _____

Flächeninhalt:_____Quadrate   Flächeninhalt:_____Quadrate

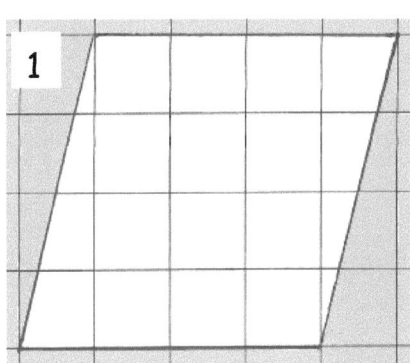   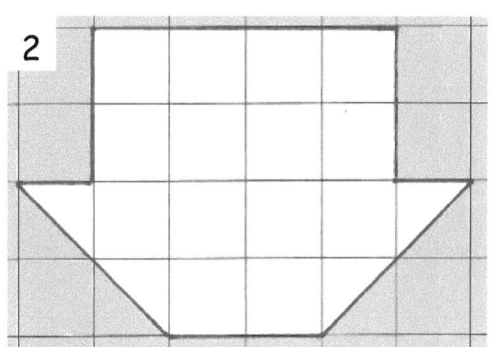

2. Das kleinste Zimmer wird die Abstellkammer. Welches ist es? Schätze erst. Bestimme den Flächeninhalt dann genau.

Schätzung: _____

Flächeninhalt:_____Quadrate   Flächeninhalt:_____Quadrate

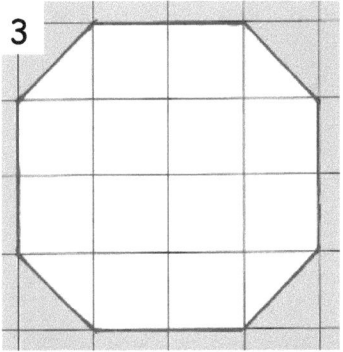   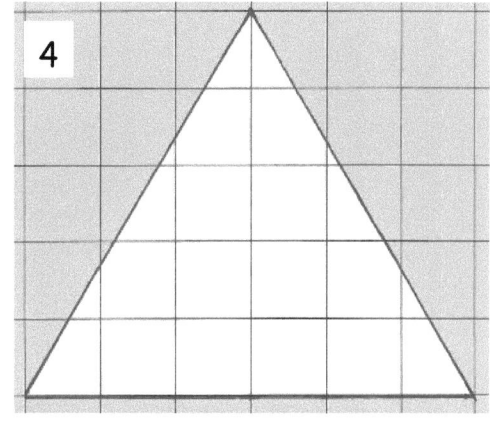

Flächeninhalt von Zimmern

1. Das größte Zimmer des Hauses soll das Wohnzimmer werden. Welches ist es? Schätze erst. Bestimme den Flächeninhalt dann genau.

Schätzung: _____

Flächeninhalt:_____Quadrate   Flächeninhalt:_____Quadrate

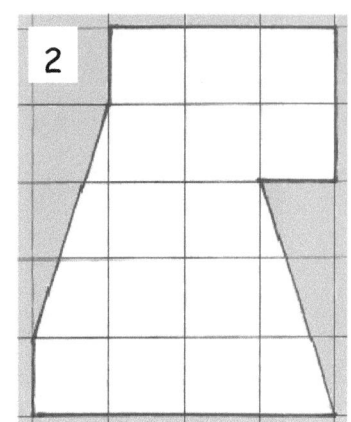

2. Das kleinste Zimmer wird die Abstellkammer. Welches ist es?
Schätze erst. Bestimme den Flächeninhalt dann genau.

Schätzung: _____

Flächeninhalt:_____Quadrate   Flächeninhalt:_____Quadrate

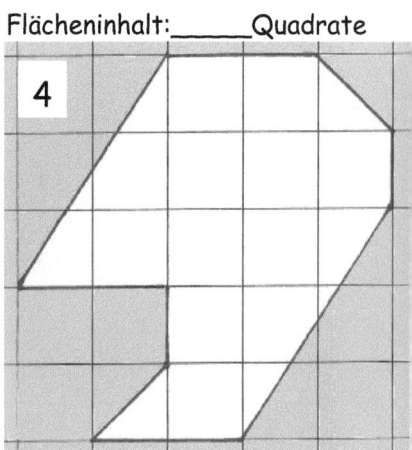

19

Flächeninhalt von Zimmern

1. Das größte Zimmer des Hauses soll das Wohnzimmer werden. Welches ist es?
Schätze erst. Bestimme den Flächeninhalt dann genau.

Schätzung: _____

Flächeninhalt:_____Quadrate   Flächeninhalt:_____Quadrate

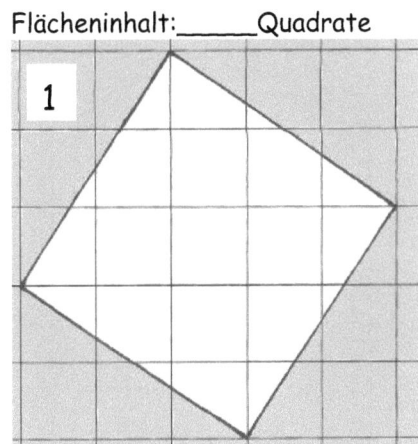
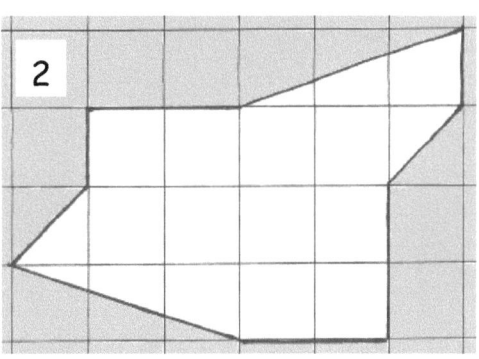

2. Das kleinste Zimmer wird die Abstellkammer. Welches ist es?
Schätze erst. Bestimme den Flächeninhalt dann genau.

Schätzung: _____

Flächeninhalt:_____Quadrate   Flächeninhalt:_____Quadrate

1. In diesen Zimmern sind Säulen in der Mitte. Das größere Zimmer soll die Küche werden. Welches ist es? Schätze erst. Bestimme den Flächeninhalt dann genau.

Schätzung: _____

Flächeninhalt:_____Quadrate   Flächeninhalt:_____Quadrate

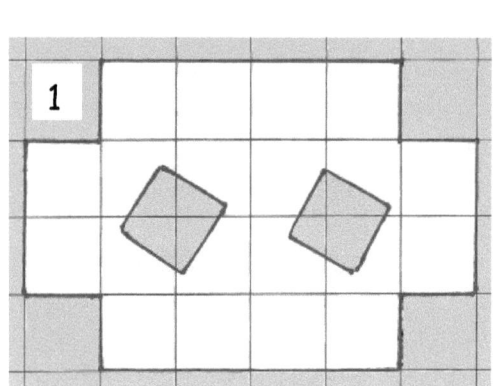

2. Das kleinere Zimmer wird das Bad. Welches ist es?
Schätze erst. Bestimme den Flächeninhalt dann genau.

Schätzung: _____

Flächeninhalt:_____Quadrate   Flächeninhalt:_____Quadrate

Gruppenarbeit: Wer hat das größere Zimmer?

1. Verteilt die Rollen in eurer Gruppe

Vorleser: _____ Schreiber: _____

Zeitmanager: _____ Materialmanager: _____

2. Wer hat das größere Zimmer? Bestimmt den Flächeninhalt der beiden Zimmer und notiert eure Strategie.

Zimmer von Tim: _____Quadrate

Zimmer von Max: _____Quadrate

Unsere Strategie:

_____

_____

_____

_____

_____

Für Schnelle: Wenn Ihr fertig seid, könnt Ihr euch eine Zusatzaufgabe holen.

Hausaufgabe: Zeichne 6 möglichst komplizierte Zimmer mit einem Flächeninhalt von 13 Quadraten.

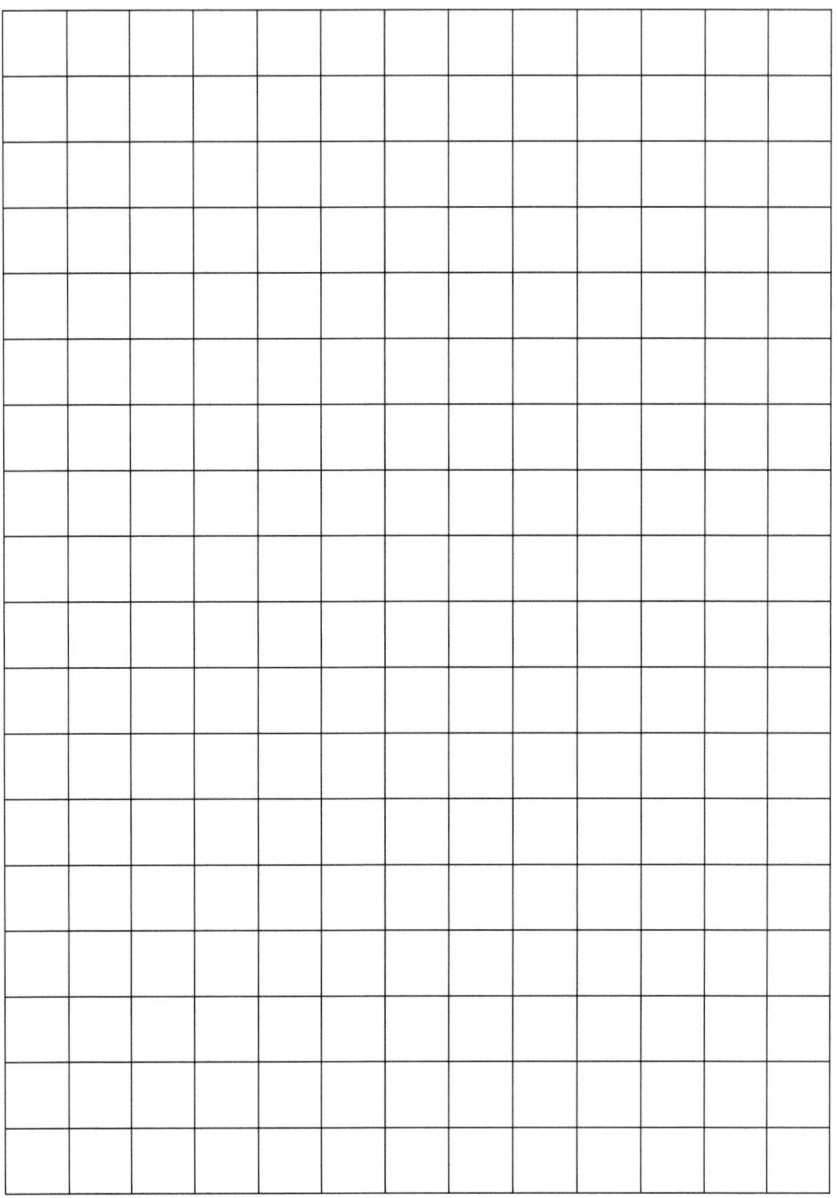